BEI GRIN MACHT SICH IHR WISSEN BEZAHLT

- Wir veröffentlichen Ihre Hausarbeit, Bachelor- und Masterarbeit

- Ihr eigenes eBook und Buch - weltweit in allen wichtigen Shops

- Verdienen Sie an jedem Verkauf

Jetzt bei www.GRIN.com hochladen und kostenlos publizieren

Sven-David Müller

Ernährungsschulung, Diätschulung in der Ernährungsaufklärung

GRIN Verlag

Bibliografische Information der Deutschen Nationalbibliothek:

Die Deutsche Bibliothek verzeichnet diese Publikation in der Deutschen National-
bibliografie; detaillierte bibliografische Daten sind im Internet über http://dnb.d-
nb.de/ abrufbar.

Dieses Werk sowie alle darin enthaltenen einzelnen Beiträge und Abbildungen
sind urheberrechtlich geschützt. Jede Verwertung, die nicht ausdrücklich vom
Urheberrechtsschutz zugelassen ist, bedarf der vorherigen Zustimmung des Verla-
ges. Das gilt insbesondere für Vervielfältigungen, Bearbeitungen, Übersetzungen,
Mikroverfilmungen, Auswertungen durch Datenbanken und für die Einspeicherung
und Verarbeitung in elektronische Systeme. Alle Rechte, auch die des auszugsweisen
Nachdrucks, der fotomechanischen Wiedergabe (einschließlich Mikrokopie) sowie
der Auswertung durch Datenbanken oder ähnliche Einrichtungen, vorbehalten.

Impressum:

Copyright © 2008 GRIN Verlag GmbH
Druck und Bindung: Books on Demand GmbH, Norderstedt Germany
ISBN: 978-3-656-03636-4

Dieses Buch bei GRIN:

http://www.grin.com/de/e-book/180913/ernaehrungsschulung-diaetschulung-in-
der-ernaehrungsaufklaerung

GRIN - Your knowledge has value

Der GRIN Verlag publiziert seit 1998 wissenschaftliche Arbeiten von Studenten, Hochschullehrern und anderen Akademikern als eBook und gedrucktes Buch. Die Verlagswebsite www.grin.com ist die ideale Plattform zur Veröffentlichung von Hausarbeiten, Abschlussarbeiten, wissenschaftlichen Aufsätzen, Dissertationen und Fachbüchern.

Besuchen Sie uns im Internet:

http://www.grin.com/

http://www.facebook.com/grincom

http://www.twitter.com/grin_com

Schulung in der Diät- und Ernährungsaufklärung

Hausaufgabe von Sven-David Müller (Diätassistent/Diabetesberater DDG)

Donau Universität Krems

MSc.-Lehrgang „Applied Nutritional Medicine"

12. November 2008

Hausaufgabe

Ich beschreibe eine Schulungssituation und gehe auf die Möglichkeiten ein, meine Präsentation zu beschreiben und zeige auf, warum ich was in der Schulung tue. Ich beschreibe meine Vorgehensweise und gehe kritisch mit mir und mit meiner Leistung um. Um die Hausaufgabe schriftlich niederzulegen, habe ich – nach vorheriger Befragung und Zustimmung – die Schulungsveranstaltung auf dem Tonband mitgeschnitten.

Zur Geschichte

Ich führte eine Schulung von Kunden einer Berliner Apotheke im Oktober 2008 durch. Die Schulung fand in Form eines Vortrages statt und hatte das Ziel, die Kunden der Apotheke über den Bereich „Gesunde Ernährungsweise" aufzuklären und auf das Gruppen-Schulungsprogramm für „Übergewichtige" hinzuführen. Die Teilnahme am Vortrag ist kostenlos. Auf diese Veranstaltung wird in der Apotheke im Schaufenster und in den Schulungsräumlichkeiten hingewiesen. Außerdem werden übergewichtige Kunden speziell auf dieses Angebot vom Beratungspersonal der Apotheke angesprochen. In einer Beratungsdatei hat die Apotheke die Kunden selektiert, die an ähnlichen Veranstaltungen bereits teilgenommen haben. Diese wurden dann angeschrieben. Mit der Werbung wurde 4 Wochen vor der Veranstaltung begonnen. Ich habe mich genau auf die Veranstaltung und das Thema vorbereitet. Ich habe den Vortrag zweimal gehalten, um die Länge des Vortrages zu ermitteln. Einmal habe ich die Ausführungen aufgenommen und mit der Power-Point-Präsentation genau abgestimmt. Ich habe mir Redekarten gemacht, damit ich während meines Vortrages nicht auf die Präsentation auf dem Laptop-Bildschirm schauen muß. So kann ich immer den Teilnehmern zugewandt bleiben und habe trotzdem Ruhe. Die Redekarten enthalten die Charts der Power-Point-Präsentation und einige kurze Hinweise. Ein Redemanuskript benötige ich nicht. Ich beherrsche das Thema. Ich nehme vier Bücher von mir mit, die zum Thema passen. Diese befinden sich im Handout-Beileger.

Schulungsraum

Der Schulungsraum befindet sich im gleichen Gebäude, wie die Apotheke selbst. Der Schulungsbereich ist aber über einen eigenen Eingang zu erreichen und verfügt neben 2 Schulungsräumen, die für kleinere Gruppenveranstaltungen geeignet sind und bei Bedarf durch Verschiebung der Trennwand zu einem größeren Vortragsraum verbunden werden können, über eine Wartezone, ein Beratungsbüro, eine Lehrküche und einen gut ausgestatteten Gymnastik-/Fitnessraum. Der Vortragsraum hat eine Größe von 8 mal 12 Meter. Der Schulungsraum hat einen Holzfußboden, ist in hellem Ocker gestrichen und verfügt am Kopf über Leinwand, Rednertisch und die notwendige technische Ausstattung.

Vorbereitung

Zur Schulung haben sich 17 Teilnehmer verbindlich angemeldet. Die Veranstaltung ist kostenlos. Die Apothekerin hat einen Tag vor der Veranstaltung alle Teilnehmer angerufen und an den Termin erinnert. Nach der aktuellen Liste kommen 2 Teilnehmer nicht, die sich angemeldet hatten, dafür bringen 3 Teilnehmer einen Angehörigen mit. Damit hat die Veranstaltung voraussichtlich 18 Teilnehmer. Außerdem nimmt eine Journalistin teil und 2 Mitarbeiter der Apotheke. Ich rechne also mit 21 Teilnehmern. Nach meinen Unterlagen kommen 17 Frauen und vier Männer. Davon sind drei Männer Begleitung. Mit Ausnahme der Journalistin und der Apotheken-Mitarbeiter sind alle Teilnehmer über 45 Jahre. Das Altersmittel, das ich erhebe, liegt bei 49 Jahren. Daraus schließe ich, dass viele Frauen in den Wechseljahren und durch die hormonellen Verschiebungen übergewichtig sind. Die Apotheke befindet sich im Berliner Stadtteil Charlottenburg. Ich kann von einem mittleren bis gehobenem Bildungs- und Einkommensniveau ausgehen. Praktisch alle Angemeldeten sind Kunde der Apotheke und daher bitte ich die Apothekerin die Veranstaltung zu eröffnen und die Kunden zu begrüßen. Außerdem informiere ich die Apothekerin, wie ich mir die Begrüßung vorstelle und gebe ihr einige Hinweise zur Vorstellung meiner Person. Es ist immer sehr unangenehm, wenn die Vorstellung falsch, unvollständig, sinnlos oder zu lang ist. Nach meinem Wissen ist kein Teilnehmer Angehöriger eines medizinischen Berufes und auch kein Lehrer (Pädagoge) befindet sich unter den Zuhörern. Und gibt es etwas Schlimmeres als Pädagogen – in diesem Falle Germanisten oder Biologielehrer – als Zuhörer?

Ich arbeite bei meinem Vortrag mit einer Power-Point-Präsentation und habe zudem einen Flip-Chat-Ständer mit beschreibbaren Charts zur Verfügung. Ich habe einen blauen und einen schwarzen Stift für die Beschriftung. Ich bringe die Power-Point-Präsentation auf meinem Laptop mit und habe sie zugleich auf einem USB-Stick. Ich schließe den Laptop an den Beamer an und prüfe, ob das System funktioniert. Ich gehe alle Charts durch. Alles funktioniert und ich muss nicht auf den Laptop der Apotheke zurückgreifen – dadurch bleibt der USB-Stick ungenutzt in meiner Tasche.

Ich wähle keine Reihenbestuhlung, sondern baue die Stühle in U-Form auf. Am offenen Ende habe ich in der Mitte den gleichen Stuhl für mich aufgebaut und genauso ausgestattet wie die der Teilnehmer. Die Stühle verfügen über eine klappbare Schreibplatte. Bei meinem Stuhl ist sie heruntergeklappt, ein Kugelschreiber und meine Redekarten liegen bereit, sodass klar wird, dass dies mein Platz ist. Die Stühle sind bequem und braun mit dunkelblauem Polster. Im Vorraum baue ich Kaffeekannen, Teekannen, Mineralwasser, Süßstoff/Zucker und Milch auf. Auf jeden Stuhl lege ich einen roten Apfel, einen kleinen Block, einen Blankoaufkleber Format DIN A6 und einen farbigen Stift (grün oder orange). An jedem Stuhl steht eine Flasche Mineralwasser (kalziumreich, medium, wenig Kohlensäure) und ein großes Glas. Auf den Referententisch stelle ich mir ein großes Glas Wasser, eine Flasche Mineralwasser und lege einen roten Apfel daneben. Außerdem stelle ich eine Uhr auf den Tisch.

Die Veranstaltung beginnt am Donnerstag um 20.00 Uhr. Ich komme bereits um 18.30 Uhr. Nach meiner Erfahrung kommen Teilnehmer durchaus 30 Minuten vor dem Beginn und ich möchte alles optimal vorbereiten. Ich öffne die Fenster und lüfte durch. Ich stelle die Heizung auf 1, um die Temperatur (Thermostatgesteuert auf 20 Grad Celsius) optimal zu gestalten. Ich gehe meine Präsentation durch und stimme mich auch inhaltlich ein.

Mein Vortrag dreht sich um eine „Gesunde Ernährungsweise" und ich lege mit Nelken und Zimtstangen gespickte Orangen und Grapefruits auf die Fensterbank. Das sieht schön aus und strömt einen wunderbaren Duft aus. Außerdem habe ich vier Zitronen mit, die ich etwas eingeritzt habe und die ich vor der Diskussion auslege. Der Zitronengeruch wirkt erfrischend und wird besonders verströmt, wenn ich die Zitronen auf die Heizung lege. Ich erläutere den Sinn. Eine Zitrone gebe ich herum.

Ich lege meinen Mantel ab und hänge ihn an die Garderobe. Ich habe eine schwarze Stoffhose und ein dunkelblaues Sakko an. Blau ist eine angenehme und sachliche Farbe. Ich trage ein cremefarbenes Hemd und keine Krawatte. Das hebt zu sehr von den Teilnehmern ab und zeigt Schwäche (mehr Schein als Sein). Außerdem ist es weder für die Atmung noch die Stimme gut (zumindest wenn der Kragen eng sitzt). Ein weißes Hemd macht mich blass und wirkt zu ärztlich, klinisch. Ich habe bequeme schwarze Lederschuhe an, die ich vorher geputzt habe. Ich fühle mich wohl und bin passend gekleidet. Ich habe wenig Parfum aufgetragen. Meine Haare liegen und meine Schuhe, Hände und Fingernägel sind sauber. Ich habe Deo aufgetragen. Nass geschwitzte Hemden wirken wenig professionell. Ich ziehe später mein Sakko nicht aus, da es mir im Notfall etwas Sicherheit gibt. Ich habe mit einem grünen Stift meinen Nachnamen (Müller) auf einen Blankoaufkleber geschrieben und mir auf das Sakko (linke Seite auf Herzhöhe) geklebt. Ich schreibe meinen Namen in Druckbuchstaben. Ich nutze dabei die Groß und Kleinschreibung, um die Lesbarkeit zu erhöhen. Die Aneinanderreihung von Großbuchstaben erhöht die Lesbarkeit nicht! Ich wähle die Farbe grün, da es eine Gesundheitsfarbe ist. Ich wähle Druckbuchstaben, da diese besser lesbar sind, als Schreibschrift. Ich schreibe bewusst per Hand und nicht am Computer (Ausdruck), da die Teilnehmer auch per Hand schreiben werden. Ich möchte schon hier signalisieren, dass ich mich nicht „über der Gruppe" befinde.

Um 19.00 Uhr koche ich Kaffee und Tee. Es gibt Schwarztee mit Vanillestange. Das Vanillearoma wird positiv wahrgenommen und spielt auch in meinen Ausführungen eine Rolle. Den Kaffee koche ich in der Kaffeemaschine und gebe etwas Zimt, eine Prise Salz und wenig Kakaopulver auf das Kaffeemehl. Den Kaffee und den Tee fülle ich in Thermoskannen um. Während dieser Zeit nutze ich meine geankerten Bilder, die mich entspannen und zur Ruhe kommen lassen. Ich bereite mich mental vor. Jetzt kann ich die Dinge, die mich sonst beschäftigen, hinter mir lassen. Ich stelle mich danach nochmals in die Mitte der Gruppe und schaue mich um. Ich überprüfe, wo ich später stehe und „übe" einen festen Stand. Meine Stimme sitzt. Aber vor den Begrüßungen trinke ich etwas, um auch stimmlich gut drauf zu sein.

Ich habe der Apothekerin gesagt, dass Sie um 19.30 Uhr da sein sollte. Sie kommt etwas früher. Ich sage ihr kurz, dass wahrscheinlich 21 Personen kommen. Ich gebe ihr die Redekarten (Format DIN A6, gelber Karton mit einem großen grünen Apfel auf der den Zuhörern zugewandten Seite – dieser Apfel befindet sich auch auf den Einladungen, den Plakaten und klein auf den Namensschildern. Außerdem ist er auf den Hand-Outs auf der Titelseite und zentriert auf den Folgeseiten). Außerdem befindet sich dieser Apfel in der Kopfzeile meiner Power-Point-Präsentation.

Um 19.40 Uhr kommt die erste Teilnehmerin mit Ihrem Ehemann. Die Apothekerin übernimmt vereinbarungsgemäß die Begrüßung und stellt mich kurz vor – mit den

Worten: „Das ist Herr Müller, er wird heute Abend unser Referent sein". Ich begrüße herzlich mit Handschlag und sage „Guten Tag, Frau .../Herr ...! Herzlich willkommen, schön, dass Sie gekommen sind!" Ich spreche langsam und deutlich – ohne Dialekt – und mit ausreichender Lautstärke. Es handelt sich ja um mittelalte Teilnehmer. Ich begleite die Teilnehmer in das aufgebaute Stuhl-U und bitte sie, sich einen Platz auszusuchen. Spitzbübisch füge ich hinzu „Aber den Apfel dürfen Sie noch nicht essen!" Ich führe die Teilnehmer zurück in den Vorraum und sage, dass sie sich gerne Kaffee, Tee oder Wasser nehmen können. Die Begrüßung der Teilnehmer geht weiter. Gegen 19.55 Uhr sind 19 Teilnehmer, auch die Journalistin und die Apothekenmitarbeiter da. Ich hatte mit der Apothekerin besprochen, dass wir pünktlich anfangen.

Rahmen der Veranstaltung

Um 19.58 Uhr bittet die Apothekerin alle im Vorraum versammelten Teilnehmer, auf den Stühlen Platz zu nehmen. Sie begrüßt die Teilnehmer in der Mitte des aus Stühlen gebildeten Us und sagt, dass der Vortrag jetzt beginnt. Sie stellt mich mit den Worten vor: „Ich stelle Ihnen Herrn Sven-David Müller vor, er ist Diätassistent. Er berichtet Ihnen heute über die Vorteile und Chancen einer gesunden Ernährungs- und Lebensweise. Herr Müller wohnt wie Sie in Charlottenburg und arbeitet seit 20 Jahren als Diät- und Ernährungsberater – außerdem ist er Ihnen vielleicht als Buchautor bekannt. Ich bitte Herrn Müller, mit seinem Vortrag zu beginnen. Viel Vergnügen." (Sie übergibt also kein Wort an mich und hat auch niemanden mit den Worten „Ich freue mich, dass Sie so zahlreich erschienen sind" begrüßt. Die meisten Menschen erscheinen als sie selbst und nicht als Gruppe – höchstens bei einer Veranstaltung von Menschen mit Persönlichkeitsspaltung). Jeder Teilnehmer soll seinen Nachnamen in Druckbuchstaben auf den dafür bereitgelegten Aufkleber schreiben.

Um 20.05 begrüße ich die Teilnehmer und danke für die Einführung durch Frau Apothekerin XY. Ich weise darauf hin, dass Frau Apothekerin XY am Ende der Veranstaltung noch mal zu uns kommt und an der Diskussion teilnimmt.

Ich habe eine Power-Point-Gestaltung gewählt, die einen hellblauen Hintergrund und schwarze Schrift hat. Ich wähle aus Gründen der Lesbarkeit eine serifenlose Schrift (in diesem Falle ARIAL). Ich nutze nur diese Schrift. Ich habe bei allen Folien einen ähnlichen Aufbau:

Gestaltung der Power-Point-Präsentation

Kopfzeile „Gesunde Ernährungsweise macht Spaß und hält gesund!"

Überschrift

Bild, Grafik (Visualisierung)

Erläuterungen
(maximal 3 Zeilen – nur
Schlagworte keine
Sätze – dafür bin ich ja
als Referent
eingeladen)

Fußzeile „Sven-David Müller – Apothekenname – Datum"

Ich wähle eine zweispaltige Gestaltung. Die Folien zeigen im Wechsel die Grafik rechts oder links. Die Überschrift ist ein Schlagwort und die Grafiken oder Bilder sollen den Menschen sofort – möglichst positiv oder zumindest provokant – ansprechen. Für die Überschrift wähle ich den Schriftgrad 24 (fett) und für die Erläuterungen Schriftgrad 20. Ich schreibe alles (auch Kopf- und Fußzeile in ARIAL). Ich wähle für die Erläuterungen anstatt Aufzählungspunkten oder Ähnlichem den grünen Apfel. Ich wähle einen ausreichenden Zeilenabstand (1,5-zeilig). Die Bilder und Grafiken sind farbig. Die Wortschrift ist schwarz, der Hintergrund blau. Fettgedruckte Buchstaben wähle ich nur für die Überschrift. Ich verwende keine Unterstreichungen (vermindert die Lesbarkeit deutlich) und keine kursive Darstellung (schlecht lesbar).

Mein Vortrag (reine Redezeit, die ich vorher zuhause erhoben habe – ich habe den Vortrag langsam gehalten) liegt bei 30 bis 35 Minuten. Ich präsentiere eine Eingangsfolie und eine Endfolie sowie alle 3 bis 5 Minuten eine weitere Folie. Natürlich gebe ich einen Überblick über meine Ausführungen, um dem Teilnehmer bewusst zu machen, was ihn erwartet. Ich habe insgesamt 12 Charts gestaltet. Das von mir erstellte Handout enthält alle Charts (4 Stück pro Seite) sowie eine Titelseite (Farbe Grün – Übersicht über das Schulungs- und Seminarprogramm der Apotheke – auf der anderen Seite eine Übersicht über meine Buchtitel, die zu diesem Vortrag passen – Cover und bibliografische Daten). Das Papier ist ockerfarbig und im Format DIN A5 (mit Heftung). Es ergibt also einen 4-Seiter (DIN A3 in der Mittel gefalzt). Die Titelseite enthält die entscheidenden Daten zum Vortrag und zu meiner Person. Ich nehme vorsichtshalber 30 Handouts mit. Dieses Handout teile ich erst nach dem Vortrag aus. Andernfalls blättern die Teilnehmer darin herum und hören zuweilen nicht zu. Für ihre Notizen haben sie ja einen Block.

Der Vortrag

Ich gebe den Teilnehmern einen Überblick über die Veranstaltung. Eine Apothekenmitarbeiterin verdunkelt den Raum nur minimal – aber in der notwendigen Stärke, damit die Power-Point-Präsentation gut lesbar ist – nachdem die Begrüßung beendet ist. Ich verwende bewusst die Farben blau und schwarz, da viele Menschen eine rot-grün-Schwäche haben (grün wäre eigentlich als Gesundheitsfarbe toll gewesen). Ich bitte alle Teilnehmer, sich ein Glas Wasser einzuschenken. Ich mache das auch. Ich sage, dass ein wichtiger Punkt einer gesunden Ernährungsweise „Reichlich trinken" ist – ich erläutere was reichlich ist und zeige auf, was das in Gläsern bedeutet. Nachdem sich alle Teilnehmer ein Glas Wasser eingeschenkt haben, bitte ich alle Teilnehmer, während des Vortrages mindestens 1 Glas Wasser, besser mehr, zu trinken. Inzwischen kommen die letzten beiden Teilnehmer, die ich jetzt auf ihren Platz bitte. Die dadurch entstandene Störung versuche ich zu vermindern, in dem ich diese Teilnehmer bitte, mir kurz ihren Namen zu sagen. Ich blicke den Teilnehmern dabei in die Augen und dadurch vermindert sich die Unruhe und ich bin gleichzeitig bestens informiert.

Während der Begrüßung und der Einführung stehe ich vor den Teilnehmern. Ich sage erneut meinen Namen – dieser steht auch auf dem Eingangschart, meine Funktion und meine Tätigkeit. Damit zeige ich, dass ich den Vortrag halte und die Gruppe sozusagen führe. Ich nehme danach Platz und habe so die gleiche Ebene. Mein Sakko ist aufgeknöpft. Ich sitze bequem und bitte die Teilnehmer, dies auch zu tun. Alle „lümmeln" sich gemütlich in ihre Sitze und ich sage spitzbübisch „Aber nicht zu bequem!". Mit meiner Haltung zeige ich, dass ich den Vortrag halte und mache deutlich, dass die Teilnehmer mich jederzeit unterbrechen können. Durch mein Sitzen zeige ich auf, dass ich an einer Diskussion interessiert bin – ich bin auf Augenhöhe mit den Teilnehmern. Ich nehme mir vor, nicht aufzustehen, da ich den Teilnehmern keine Angst machen möchte.

Nachdem alle Teilnehmer getrunken haben, bitte ich sie am Apfel zu riechen und ihre Eindrücke zu schildern. Ich frage auch noch, wie das Wasser geschmeckt hat. Ich schreibe die erstaunlichen Eindrücke auf (das Wasser hat vielen gut geschmeckt und der Apfel riecht schon etwas weihnachtlich). Ich frage nach Geruch, Geschmack, Anfühlen, Aussehen. Ich steige in meine Präsentation ein und vermittle die Inhalte. Ich stelle regelmäßig offene Zwischenfragen und beantworte die von den Teilnehmern zurückkommenden Kommentare. Fragen wimmele ich nicht ab, sondern sage, dass ich Fragen am Ende des Vortrages gerne beantworte. Ich bitte die Teilnehmer ihre Fragen gegebenenfalls aufzuschreiben.

Mein Ziel ist es, die Teilnehmer auf das Thema „Gesunde Ernährungs- und Lebensweise zur Gewichtsreduktion" einzustimmen, um ihnen aufzuzeigen, dass die Apotheke ein Seminarprogramm entwickelt hat, dass die Menschen dauerhaft betreut. Meine Teilnehmer haben genau das Ziel, zu erfahren, was die Seminare bieten und sie möchten abnehmen. Die Teilnehmer sind auf den Vortrag, die Inhalte vorbereitet und konnten vorher Fragen abgeben (haben auch 3 Teilnehmer getan – ich habe die Fragen in meinen Ausführungen beantwortet). Durch meine Ankündigung einer Diskussions- und Fragerunde gebe ich den Teilnehmern die Möglichkeit, ihre Bedürfnisse zu befriedigen. Ich weise auf die Möglichkeit der Notierung von Fragen hin, damit sie nicht verloren gehen und ich gleichzeitig meinen

Zeitplan einhalten kann. Durch meine Zwischenfragen erreiche ich, dass die Teilnehmer zuhören und sich aktiv einbringen können. Ich spreche die Teilnehmer persönlich mit ihren Namen an.

Durch meine stehende Haltung bei der Begrüßung und meine Gestikulierung (oberhalb der Gürtellinie) zeige ich Aktivität. Sitzend beuge ich mich zu den Teilnehmern. Ich habe die Redekarten auf den Klapptisch gelegt. Die benötige ich nicht, da ich gut vorbereitet bin. Ich halte einen Stift in der Hand, mit dem ich meine noch vorhandene Nervosität überspielen kann. Ich habe einen stabilen Stift in der Hand, da ich mit einem Bleistift mal schlechte Erfahrungen gemacht habe. Aber ich fuchtele nicht wild mit dem Kugelschreiber herum und lege ihn wenige Minuten nach dem Beginn der Veranstaltung weg – genauer ich stecke ihn in die Innentasche meines Sakkos (dort kann ich ihn wieder finden und er fällt nicht herunter). Um einzelne Punkte auf den Präsentationen hervorzuheben, benutze ich einen Laserpointer. Ich weise aber nur kurz auf einen Punkt hin. Auf meinen Powerpoint-Charts sind nur einzelne Worte – keine Sätze. Ich spreche frei und wende mich nicht von den Zuhörern ab. Ich drehe mich nur leicht, um Punkte aufzuzeigen. Ich zeige von links auf die Power-Point-Präsentation. Ich habe diese und meinen Stuhl so eingerichtet, dass dies möglich ist. Ich stehe auf, um Aussagen der Teilnehmer aufzuschreiben (Flipchart).

Aufteilung meines Vortrages

Begrüßung, Einführung, Vorstellung	Apothekerin (A)
Begrüßung, Vorstellung	Sven-David Müller (SDM)
Thema	SDM
Blitz, Icebreaker	SDM (Trinken, Apfel)
Ziel	Teilnehmer (TN)/SDM
Überblick	SDM
Hauptteil	SDM/Zwischenfragen (TN)
Zusammenfassung	SDM
Schluss – Danke	SDM
Diskussion	SDM/A/TN
Zusammenfassung	SDM
Verabschiedung	A/SDM

Während des gesamten Vortrages achte ich auf meine Körper – insbesondere auf die Atmung. Ich wechsele nur zweimal die Medien (Power-Point – Apfel/Wasser am Flip-Chart – Power-Point - Diskussionsrunde Fragen am Flipchart). Ich spreche in kurzen, klaren Sätzen. Ich wähle eine aktive Sprache und erläutere exakt und ohne „man". Ich formuliere klare Sätze, die ich stimmlich angemessen präsentiere.

Zur Visualisierung setze ich den Beamer und Lebensmittel ein. Das erhöht den Lerneffekt und alle Teilnehmer wissen sofort, wovon ich spreche. Damit kann ich zielgerichteter sprechen. Ich schaue zu Beginn in Richtung des mir am weitesten entfernten Teilnehmers. Nach und nach blicke ich alle Zuschauer an. Ich bewege mich dabei ruhig und nicht hektisch. Ich blicke freundlich oder der Thematik angemessen. Ich setze Mimik und Gestik angemessen ein.

Vor der Diskussion gibt es eine kleine Pause, die angekündigt wird. Ich erläutere, dass im Vorraum noch Kaffee und Tee wartet und weise darauf hin, was es

Spezielles damit auf sich hat – Tee enthält Vanille (hemmt den Süßhunger) und Kaffee enthält Zimt als Zutat (soll die Blutzuckerregulierung optimieren).

Ich kündige den Schluss an, um die Spannung zu erhöhen und das Zuhören herauszufordern. Ich erläutere, dass zuerst eine kleine Pause folgt und dann die Diskussion. Die Apothekerin kommt rechtzeitig zurück, um die Diskussion einzuleiten. Wir sitzen beide vor der Gruppe und beginnen mit der Diskussion. Die Apothekerin stellt mir eine vorbereitete Frage. Im Anschluss folgt eine zaghafte Frage aus dem Publikum, die wir beide (natürlich nacheinander) beantworten. Danach frage ich, um den Diskussionscharakter aufrecht zu erhalten, die Apothekerin. Das Eis bricht und es folgt eine 20 minütige Diskussion. Wir verabschieden und bedanken uns persönlich von und bei allen Teilnehmern und ich gebe noch jedem Teilnehmer eine von mir zum Thema verfasste Broschüre mit.

Autor: Sven-David Müller, M.Sc, Master of Science in Applied Nutritional Medicine (Angewandte Ernährungsmedizin), staatlich anerkannter Diätassistent und Diabetesberater der Deutschen Diabetes Gesellschaft (DDG), Haddamshäuser Weg 4a, 35096 Weimar an der Lahn, www.svendavidmueller.de, diaetmueller@web.de

Literatur: Beim Verfasser, Praxis der Diätetik und Ernährungsberatung, Haug Verlag, E. Lückerath und S.-D. Müller; Kalorien-Nährwert-Lexikon, Schlütersche Verlagsgesellschaft mbH, K. Raschke und S.-D. Müller